DATE:

DATE

DATE:

DATE:

DATE:

DATE

DATE:

DATE: ____________________

DATE:

DATE:

DATE

DATE

DATE

DATE

DATE

DATE:

DATE

DATE

DATE:

DATE:

DATE:

DATE:

DATE:

DATE:

DATE

DATE: ______________

DATE: ___________

DATE:

DATE

DATE

DATE:

DATE:

DATE:

DATE

DATE

DATE

DATE:

DATE

DATE

DATE

DATE:

DATE

DATE

DATE

DATE

DATE: ______________________

DATE

DATE:

DATE

DATE

DATE

DATE

DATE

DATE:

DATE:

DATE

DATE

DATE

DATE:

DATE:

DATE

DATE:

DATE:

DATE

DATE:

DATE

DATE:

DATE: ____________________

DATE

DATE

DATE ____________

DATE:

DATE:

DATE: ____________________

DATE

DATE:

DATE

DATE

DATE: ______________________

DATE

DATE:

DATE: ____________________

DATE

DATE

DATE

DATE:

DATE:

DATE

DATE

DATE

DATE

DATE:

DATE

Made in the USA
Monee, IL
04 November 2026

67386519R00069